El Avispón Asiático en Europa: Una Invasión Imprevisible

Julien Fortanelle

Tabla de Contenido:

Introducción

En los últimos años, Europa y España se han enfrentado a un temible invasor: el avispón asiático (Vespa velutina). Originario de Asia, este insecto depredador fue introducido accidentalmente en Europa, desencadenando una seria amenaza para la biodiversidad y el ecosistema local. Su preocupante presencia y su comportamiento agresivo lo convierten en un tema de actualidad en muchos países.

En esta primera parte de nuestro libro, deseamos explorar a fondo la problemática del avispón asiático, poniendo de relieve sus características, su impacto en la naturaleza y en los seres humanos, así como las medidas tomadas para gestionar esta invasión. Nos adentraremos en los orígenes de este insecto invasor, su introducción en Europa y las razones que facilitaron su rápida propagación en diferentes regiones del continente.

En primer lugar, conoceremos las particularidades del avispón asiático, que lo distinguen de sus congéneres autóctonos. Su fisonomía única y su comportamiento social intrigan a los científicos, que intentan comprender mejor cómo esta especie invasiva ha logrado prosperar en un nuevo entorno.

Luego, analizaremos las devastadoras consecuencias del avispón asiático en la biodiversidad local. Su presencia perturba numerosos ecosistemas, provocando una disminución de las poblaciones de insectos polinizadores y trastornando las cadenas alimenticias naturales. Las especies autóctonas, incapaces de enfrentarse a esta nueva amenaza, sufren un grave perjuicio, poniendo en peligro el frágil equilibrio de la fauna y la flora.

Además de sus efectos en la naturaleza, el avispón asiático también representa un riesgo para la salud y la seguridad de las poblaciones humanas. Sus picaduras, más numerosas y potencialmente más peligrosas que las de otras especies de avispas, pueden provocar reacciones alérgicas graves. Los apicultores, que dependen de las abejas para la polinización de los cultivos, se ven especialmente afectados, mientras que los agricultores experimentan una disminución en sus rendimientos debido a la depredación del avispón asiático sobre los insectos perjudiciales.

Frente a esta creciente amenaza, muchos países europeos han emprendido esfuerzos de gestión y control para contener el avance del avispón asiático. Se han implementado técnicas de erradicación de nidos y se han establecido programas de vigilancia para detectar colonias antes de que se vuelvan incontrolables.

En este libro, exploraremos en detalle estas medidas de gestión, al tiempo que ofreceremos consejos prácticos sobre cómo enfrentar un nido de avispón asiático y las posibles picaduras. Es esencial que cada individuo tome conciencia de esta problemática y participe activamente en la preservación del medio ambiente mediante prácticas adecuadas.

En conclusión, este libro tiene como objetivo sensibilizar al lector sobre los desafíos relacionados con el avispón asiático en Europa y España. Al comprender los riesgos y las consecuencias de su presencia, podremos abordar mejor esta invasión y trabajar juntos para proteger nuestro entorno y nuestra salud.

Capítulo 1: El avispón asiático en pocas palabras

El avispón asiático (Vespa velutina) es una especie de insecto perteneciente a la familia Vespidae. Originario de Asia, también se le conoce como avispón de patas amarillas debido a sus patas amarillas características, que lo distinguen de las especies autóctonas de avispas europeas.

Descripción física y características distintivas

El avispón asiático es fácilmente reconocible por su tamaño imponente. Las obreras suelen medir entre 2,5 y 3 centímetros de largo, mientras que las reinas pueden alcanzar hasta 3,5 centímetros. Su coloración es oscura, con predominio del negro y bandas naranjas o amarillas en el abdomen. Las patas amarillas, mencionadas anteriormente, así como su cara de color naranja, son rasgos distintivos esenciales para su identificación.

Además, el avispón asiático tiene alas marrones y una cabeza ancha y plana, con grandes antenas. Su tórax es negro, con pequeñas manchas amarillas en los lados. A diferencia de las avispas europeas, presenta una franja naranja en el último segmento de su abdomen, lo que facilita su identificación.

Origen geográfico e introducción en Europa

El avispón asiático es originario del sudeste asiático, principalmente del sur de China y el norte de India. Fue introducido accidentalmente en Europa, probablemente en un cargamento de cerámica o materiales procedentes de Asia, durante los años 2004-2005. Esta introducción involuntaria en España marcó el comienzo de la rápida propagación del avispón asiático en el continente europeo.

Comparación con las especies de avispas autóctonas

En Europa, el avispón asiático difiere significativamente de las especies de avispas autóctonas, como el avispón europeo (Vespa crabro) y el avispón germano (Vespa germanica). Además de ser ligeramente más grande, presenta características distintivas, como sus patas amarillas y las bandas naranjas en el abdomen.

En cuanto a su comportamiento, el avispón asiático también se distingue por su dieta depredadora, centrándose en la caza de insectos, principalmente abejas y avispas, lo que lo convierte en un depredador formidable para las colonias de abejas.

Esta primera parte del libro nos ha permitido conocer las especificidades del avispón asiático, su origen asiático y su introducción accidental en Europa, así como las diferencias que lo distinguen de las especies de avispas autóctonas. En el siguiente capítulo, abordaremos el impacto ecológico devastador de esta especie invasiva en la biodiversidad y el ecosistema local.

Capítulo 2: El impacto ecológico del avispón asiático

El avispón asiático (Vespa velutina) ha demostrado ser un depredador invasivo altamente eficiente, causando perturbaciones significativas en los ecosistemas locales de Europa. Su introducción accidental ha tenido consecuencias dramáticas para la biodiversidad y ha provocado cambios no deseados en los equilibrios ecológicos de las áreas afectadas.

Influencia en los ecosistemas locales y la biodiversidad

La presencia del avispón asiático puede perturbar el delicado equilibrio de los ecosistemas locales. Debido a su dieta depredadora, ejerce una presión considerable sobre las poblaciones de insectos, incluyendo abejas, avispas y otros insectos polinizadores. Las colonias de abejas domésticas, cruciales para la polinización de las plantas y los rendimientos agrícolas, son especialmente vulnerables a los ataques del avispón asiático.

Además, como depredador temible, el avispón asiático puede desestabilizar las poblaciones de otros insectos, lo que afecta a la cadena alimentaria y las interacciones entre especies. Esto puede tener repercusiones en la fauna y flora locales, afectando a los insectívoros y a los animales que dependen de los recursos proporcionados por los insectos.

Consecuencias para las poblaciones de insectos polinizadores

Las abejas desempeñan un papel crucial en la polinización de las plantas, contribuyendo a la reproducción de muchas especies vegetales, incluyendo cultivos alimentarios. El avispón asiático es un depredador formidable para estos polinizadores esenciales. Detecta a las abejas en vuelo, captura a las obreras en la entrada de las colmenas y las mata para alimentarse de su abdomen, dejando una colmena diezmada.

La depredación de los avispas asiáticos sobre las abejas puede llevar a una disminución significativa de las poblaciones de abejas, poniendo en peligro la polinización de las plantas cultivadas y silvestres. Esta situación amenaza la producción de alimentos, la economía agrícola y la diversidad de especies vegetales locales.

Impacto en la fauna y flora locales

Además de los insectos polinizadores, el avispón asiático también puede afectar a otras formas de vida en los ecosistemas locales. Su depredación de insectos puede desestabilizar las poblaciones de otros depredadores y perturbar las cadenas alimentarias, lo que genera desequilibrios ecológicos. La escasez de insectos puede afectar a las aves insectívoras y a otros animales que dependen de este recurso alimentario.

Además, se pueden observar disminuciones en algunas especies de plantas debido a la disminución de la polinización. Esto puede tener consecuencias en la composición de las comunidades vegetales locales y en la dinámica de los ecosistemas.

Este capítulo ha destacado el impacto devastador del avispón asiático en los ecosistemas locales en Europa. Desde su influencia en la biodiversidad hasta su impacto en las poblaciones de insectos polinizadores y las consecuencias en la fauna y flora locales, el avispón asiático representa una amenaza seria para la estabilidad de los ecosistemas. En el siguiente capítulo, exploraremos los peligros que este invasor representa para los seres humanos, así como las medidas de prevención y seguridad para mitigar los riesgos asociados a su presencia.

Capítulo 3: Las consecuencias para los seres humanos

El avispón asiático (Vespa velutina) presenta riesgos significativos para la salud y la seguridad de los seres humanos, especialmente debido a sus picaduras potencialmente peligrosas. Su expansión en Europa ha generado preocupaciones sobre las reacciones alérgicas y los impactos en las actividades humanas, como la apicultura y la agricultura.

Riesgos relacionados con las picaduras del avispón asiático: alergias y reacciones

Las picaduras del avispón asiático pueden causar reacciones locales, como enrojecimiento, picazón e hinchazón en el sitio de la picadura. Sin embargo, para algunas personas, estas picaduras pueden desencadenar reacciones alérgicas graves, desde urticaria generalizada hasta un shock anafiláctico potencialmente mortal. Los síntomas de una reacción alérgica grave pueden incluir dificultad para respirar, hinchazón en la cara y la garganta, una sensación general de malestar y una disminución de la presión arterial.

En las regiones donde el avispón asiático está bien establecido, los servicios médicos deben estar preparados para tratar casos de emergencia relacionados con picaduras de este insecto. Es esencial concienciar al público sobre los riesgos asociados a las picaduras del avispón asiático y proporcionar información sobre los síntomas de una reacción alérgica para garantizar una atención rápida y adecuada.

Amenazas para los apicultores y agricultores

Los apicultores son especialmente vulnerables al avispón asiático debido a sus ataques repetidos a las colonias de abejas. El depredador se acerca a las colmenas para capturar a las abejas obreras en la entrada de la colmena, causando un estrés significativo en las colonias. Cuando los avispas asiáticos son numerosos, pueden debilitar una colmena e incluso destruirla por completo, comprometiendo la producción de miel y polen.

Los agricultores también sufren las consecuencias indirectas de la presencia del avispón asiático, ya que es un depredador formidable de insectos perjudiciales para los cultivos. La disminución de las poblaciones de insectos polinizadores, especialmente las abejas, puede afectar la polinización de los cultivos, lo que resulta en una disminución de los rendimientos y una pérdida de calidad en las cosechas.

Medidas de prevención y seguridad para minimizar los riesgos

Para reducir los riesgos relacionados con el avispón asiático, se deben adoptar medidas de prevención y seguridad. Se recomienda que las personas que viven en áreas donde el avispón asiático está presente sean cautelosas y eviten perturbar los nidos. En caso de descubrimiento de un nido de avispón asiático, es esencial informar de su presencia a las autoridades competentes para que un equipo especializado pueda intervenir de manera segura para su eliminación.

Los apicultores pueden tomar medidas para proteger sus colmenas, como instalar trampas específicas para los avispas asiáticos y reforzar las entradas de las colmenas para limitar el acceso a los depredadores. También se debe prestar especial atención a los signos de actividad aumentada de avispas asiáticas alrededor de las colmenas para poder reaccionar rápidamente en caso de amenaza.

Para las personas alérgicas, es esencial consultar a un profesional de la salud y tener un kit de emergencia para tratar posibles reacciones alérgicas después de una picadura.

Este capítulo ha destacado las graves consecuencias que el avispón asiático puede tener para los seres humanos, especialmente en lo que respecta a las picaduras potencialmente alérgicas y las amenazas para los apicultores y agricultores. Para minimizar los riesgos, se deben tomar medidas de prevención y seguridad, y se debe informar al público sobre cómo responder ante la presencia de este insecto depredador. En el siguiente capítulo, exploraremos la propagación del avispón asiático en Europa y en España, así como los factores que han favorecido su rápida expansión.

Capítulo 4: La propagación del avispón asiático en Europa y en España

Desde su introducción accidental en Europa, el avispón asiático (Vespa velutina) se ha propagado rápidamente por el continente, generando preocupaciones sobre su dispersión y adaptación a nuevos entornos. Este capítulo se centra en la cartografía de su expansión, los factores que han favorecido su propagación, así como las iniciativas de vigilancia y seguimiento implementadas para comprender y gestionar mejor esta invasión.

Cartografía de su expansión en Europa y sus rutas de migración

El avance del avispón asiático en Europa ha sido sorprendentemente rápido desde su introducción en España. Estudios e informes muestran que la especie ha ampliado su área de distribución a través de varios países europeos, incluyendo Francia, Italia, Portugal, Alemania, Bélgica, los Países Bajos y muchos otros. La cartografía de esta expansión permite visualizar la evolución geográfica de la especie a lo largo de los años.

Las rutas de migración del avispón asiático son múltiples y pueden ser facilitadas por los desplazamientos humanos, el transporte de mercancías, así como por las condiciones climáticas propicias para su dispersión. Las reinas fundadoras pueden viajar largas distancias, estableciendo nuevas colonias y colonias satélites en cada etapa de su viaje.

Factores que favorecen su dispersión y adaptación a nuevos entornos

El avispón asiático ha demostrado una gran capacidad para adaptarse a una variedad de hábitats, desde zonas rurales hasta urbanas. Su dieta generalista le permite encontrar recursos alimentarios variados, lo que facilita su adaptación a diferentes entornos.

Además, la falta de depredadores naturales en Europa ha favorecido el crecimiento de las poblaciones de avispas asiáticas. A diferencia de las especies autóctonas, no tiene competidores significativos por los recursos alimentarios, lo que le ha permitido prosperar rápidamente.

Además, la alta capacidad reproductiva de los avispas asiáticos, combinada con su agresividad hacia otras especies, les ha permitido ganar ventaja sobre las especies locales.

Iniciativas de vigilancia y seguimiento de las poblaciones

Ante la creciente amenaza del avispón asiático, se han implementado numerosas iniciativas de vigilancia y seguimiento para comprender mejor la dinámica de sus poblaciones y anticipar su propagación. Se han creado redes de vigilancia colaborativas en las que ciudadanos y científicos trabajan juntos para informar sobre las observaciones de avispas asiáticas y sus nidos.

Estas iniciativas de seguimiento tienen como objetivo determinar las áreas más afectadas, detectar tempranamente las colonias y comprender mejor los comportamientos migratorios de la especie. Esta información es esencial para desarrollar estrategias de gestión y control eficaces.

En conclusión, este capítulo nos ha permitido comprender la rápida propagación del avispón asiático en Europa y España, así como los factores que han favorecido su adaptación a nuevos entornos. La cartografía de su expansión y las iniciativas de vigilancia son fundamentales para comprender mejor esta invasión y implementar medidas adecuadas para limitar su impacto en el medio ambiente y las actividades humanas. En el siguiente capítulo, exploraremos los métodos de gestión de los nidos y colonias de avispas asiáticas, así como las acciones preventivas para minimizar los riesgos asociados a su presencia.

Capítulo 5: Gestión de los nidos y colonias de avispón asiático

La gestión de los nidos y colonias de avispón asiático es un tema crucial para limitar el impacto de esta especie invasora en el medio ambiente y la seguridad humana. En este capítulo, exploraremos los métodos para identificar y reportar los nidos de avispón asiático, así como las técnicas de eliminación apropiadas y seguras. También abordaremos consejos prácticos para prevenir picaduras y protegerse eficazmente.

Identificación y reporte de los nidos de avispón asiático

El primer paso en la gestión de los avispas asiáticos es saber identificar los nidos. Estos suelen estar ubicados en lugares elevados, como árboles, arbustos, áticos, cavidades de edificios o bajo los techos. Los nidos tienen forma esférica u ovalada y están construidos con papel maché hecho de fibras de madera y saliva.

Es fundamental que el público esté consciente de cómo reconocer los nidos de avispón asiático y distinguirlos de los nidos de otras especies autóctonas de avispas y avispas. Si se encuentra un nido sospechoso, se recomienda informar de su presencia a las autoridades competentes, como los servicios de bomberos, las asociaciones de control de plagas o los servicios ambientales.

Técnicas apropiadas y seguras para la eliminación de nidos

La destrucción de los nidos de avispón asiático debe realizarse con precaución y por profesionales capacitados, ya que puede ser peligrosa para personas sin experiencia. Los especialistas utilizan métodos específicos para eliminar los nidos según su ubicación y accesibilidad. Usan equipos de protección personal para prevenir posibles picaduras.

Existen varias técnicas para eliminar los nidos, como el uso de pulverizadores, insecticidas en polvo o trampas selectivas. El objetivo es eliminar a la reina y la colonia para evitar su reproducción. Es crucial no perturbar los nidos ni intentar eliminarlos por uno mismo, ya que esto podría provocar ataques defensivos de los avispas asiáticos, poniendo en peligro la seguridad de las personas.

Prevención y protección contra picaduras: consejos prácticos

Para minimizar los riesgos de picaduras de avispón asiático, se pueden tomar medidas preventivas. Se recomienda evitar acercarse a los nidos o áreas donde los avispas asiáticos estén activos. Durante actividades al aire libre, como jardinería, senderismo o picnic, es preferible usar ropa que cubra el cuerpo y colores claros, ya que esto puede ayudar a disuadir a los avispas asiáticos de sentirse amenazados.

Los repelentes de insectos también pueden ser útiles para evitar que los avispas asiáticos se acerquen. En presencia de nidos en las cercanías, es fundamental informar a los vecinos, las comunidades locales y las autoridades competentes para que se pueda implementar una gestión adecuada.

En conclusión, este capítulo ha explorado la gestión de los nidos y colonias de avispón asiático, enfocándose en la identificación y el reporte de los nidos, las técnicas de eliminación adecuadas y seguras, así como consejos prácticos para prevenir picaduras y garantizar la protección de las personas. En el próximo capítulo, abordaremos las consecuencias de la invasión del avispón asiático en los ecosistemas y las poblaciones locales de insectos polinizadores, así como las acciones preventivas para limitar su expansión.

Conclusion

En este libro, hemos explorado en profundidad el impacto del avispón asiático (Vespa velutina) en Europa y en España, un depredador invasivo que ha sido objeto de atención en los últimos años. Hemos cubierto varios aspectos clave de este problema, destacando los desafíos ambientales y los riesgos para los seres humanos, así como las medidas de gestión y prevención necesarias para enfrentar esta invasión.

Comenzamos con una breve presentación del avispón asiático, resaltando sus características distintivas y su origen geográfico. Su introducción accidental en Europa abrió la puerta a una expansión rápida, perturbando los ecosistemas locales y poniendo en peligro la biodiversidad.

El impacto ecológico del avispón asiático fue examinado en detalle, revelando las consecuencias devastadoras para las poblaciones de insectos polinizadores, las cadenas alimentarias y la fauna y flora locales. Los apicultores y los agricultores también fueron identificados como grupos vulnerables, enfrentando ataques repetidos de este insecto depredador.

Luego exploramos la propagación del avispón asiático en Europa y en España, destacando las vías de migración, los factores que favorecen su diseminación y su adaptación a nuevos entornos. Se destacaron las iniciativas de vigilancia y seguimiento de las poblaciones como herramientas esenciales para comprender mejor esta invasión y desarrollar estrategias de gestión adecuadas.

Al abordar la gestión de los nidos y colonias de avispas asiáticas, hicimos hincapié en la importancia de la identificación y notificación de los nidos, así como en el uso de técnicas apropiadas y seguras para su eliminación. También se abordaron la prevención y la protección contra picaduras para limitar los riesgos asociados a la presencia de avispas asiáticas.

Frente a esta creciente amenaza, es fundamental que actuemos de manera conjunta para gestionar eficazmente el avispón asiático en Europa y en España. Llamamos a la acción, concienciando al público, a las autoridades, a los apicultores, a los agricultores y a todos los actores involucrados sobre la importancia de tomar medidas para limitar su expansión.

La colaboración entre todos estos actores es crucial para combatir esta invasión. Juntos, podemos fortalecer las iniciativas de vigilancia y seguimiento, coordinar estrategias de gestión coherentes e implementar programas de prevención adecuados. Solo a través de una acción concertada y coordinada podremos proteger eficazmente el medio ambiente, las especies locales y la salud de las poblaciones humanas.

En conclusión, debemos mostrar determinación y compromiso para enfrentar el desafío del avispón asiático. Adoptando un enfoque proactivo, podemos preservar nuestra biodiversidad, nuestros ecosistemas y nuestra calidad de vida frente a esta amenaza persistente. Juntos, podemos tomar medidas para limitar la expansión del avispón asiático y proteger nuestros entornos naturales y nuestras comunidades.